LA VÉRITÉ

SUR LE

CABLE TRANSATLANTIQUE

LA VÉRITÉ

SUR LE

CABLE TRANSATLANTIQUE

 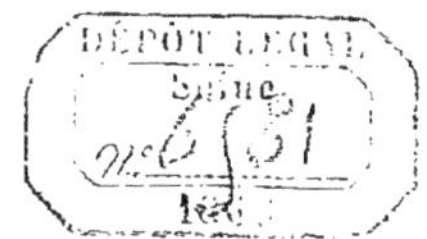

Depuis le 6 juillet on s'occupe beaucoup de la Concession du câble transatlantique sous-marin accordée par S. Exc. M. le ministre de l'intérieur à MM. Erlanger et Reuter.

La presse anglaise a accueilli avec défaveur la nouvelle de cette importante entreprise; ce qui a paru surprendre la presse française.

Divers journaux ont donné des détails scientifiques sur cette affaire. La *France* a même demandé, dans son numéro du 30 juillet, des explications sur les prétentions élevées par MM. Blackmore et Delessert, tendant à dire que les engagements pris par l'Etat envers eux ont été méconnus.

A la note de la *France*, MM. Blackmore et Delessert ont répondu en affirmant leurs droits sur la concession du câble transatlantique, en date du 31 juillet (pièce n° 1, page 9).

Le *Moniteur* du 3 août répond sous forme de *communiqué* que jamais MM. Blackmore et Delessert n'ont obtenu ni promesse, ni concession (pièce n° 2, page 10). A cette note, MM. Blackmore et Delessert répliquent par la lettre du 4 août (pièce n° 3, page 10), et ils invoquent à l'appui de leur dire les noms de MM. de Girardin et Borde.

Un 3ᵉ communiqué est adressé à la *France*, en date du 7 août (pièce n° 4, page 10). A ce communiqué, M. Borde répond le 8 une lettre ci-annexée (pièce n° 5, page 11).

Distinguer la vérité dans ce débat ainsi mutilé, incomplet, c'est difficile; aussi ayant eu dans l'organisation d'une compagnie franco-anglaise, représentée par MM. Blackmore et Delessert, un rôle important comme ingénieur seulement, et non comme associé, ainsi que le communiqué du 7 veut bien le dire, je vais essayer de faire la lumière sur une question que chacun, soit par ignorance des faits, soit par calcul, a déplacée ou rendue confuse.

Relier New-York à l'Angleterre c'était bien certainement un grand progrès, mais relier la France à New-York c'est faire un pas de plus dans la science et dans le développement commercial des deux hémisphères.

Jusqu'au moment où MM. Delessert, de Saint-Maurice et Beyfus eurent obtenu diverses audiences de S. M. l'Empereur, on avait considéré la pose du câble transatlantique anglais comme étant l'expression de tout ce que la science télégraphique pouvait fournir (1,800 milles).

L'idée de réunir le continent européen à New-York sur un parcours de 3,047 milles parut d'abord une excentricité. — L'Empereur seul comprit que le temps marche et que la science le suit.

L'accueil le plus empressé fut fait aux hardis promoteurs du cable.

Il n'en fallait pas davantage pour encourager MM. Delessert, de Saint-Maurice et Beyfus. Ils partirent immédiatement pour l'Angleterre, car il faut bien le dire, là seulement, à cette époque, l'idée du câble de Brest aux Etats-Unis pouvait être comprise.

Ils se livrèrent à des études fort intéressantes, mais coûteuses; ils s'entourèrent des plus célèbres ingénieurs électriciens, et, pendant fort longtemps, la possibilité de réussir dans une telle œuvre fut encore un doute. Mais leur persévérance grandit en raison des obstacles : chacun apportait à ces remarquables études sa part d'intelligence et de fortune, et après dix-huit mois de travail les ingénieurs déclarèrent que la pose du nouveau câble était possible.

D'immenses usines de câbles s'étaient créées en Angleterre; la science avait progressé, aussi la construction des nouveaux câbles permettait dès lors des communications plus lointaines, car elle permettait de franchir 3,047 milles, soit 5,640 kilomètres en quelques secondes.

Cette difficulté vaincue, il fallut penser à trouver des capitalistes, préparer les esprits à une œuvre qui, de prime abord, paraissait être une concurrence aux intérêts anglais. Mais, dans ce pays de liberté, de bon sens pratique, on sait se rattacher non-seulement à ce qui grandit l'Angleterre, mais encore à ce qui grandit le monde.

Aux rivalités mesquines, d'abord soulevées par des esprits étroits, succéda une pensée plus large et plus grande. Les Anglais, considérant déjà le câble de Brest à New-York comme étant leur petit-fils, n'hésitèrent pas à l'adopter.

La question en était là quand MM. Delessert, de Saint-Maurice et Beyfus se présentèrent de nouveau, en 1866, devant le ministre pour obtenir une concession du gouvernement français.

Mais en ce moment les espérances qu'a-vait fait naître leur audience impériale à Biarritz étaient déjà considérablement affaiblies. Diverses lettres émanant de MM. Rouher et de La Valette, au lieu d'accorder une concession de 30 ans, ainsi qu'on l'avait demandée, ou une subvention annuelle de 500,000 francs, se bornaient à promettre une concession de 5 ans. Une partie de l'année 1866 et tout 1867 se passèrent en négociations stériles, car les capitaux étaient de plus en plus timides en raison des hésitations de la direction générale des lignes télégraphiques, auprès de laquelle MM. les ministres s'inspiraient naturellement. Plus les efforts des promoteurs étaient grands, plus le Directeur général de cette administration grandissait les obstacles et fuyait le terrain pratique pour se jeter dans les impossibilités.

De guerre lasse, le 19 décembre 1867, M. Pinard accorde, non pas une concession, mais il écrit une lettre promettant de donner une concession de cinq ans si, dans le délai de deux mois, on lui apporte la souscription d'un capital de 25 millions de francs, et si on dépose un cautionnement de 1 million.

Les malheureux promoteurs du câble subissent cette loi, mais ils avaient compté sans le capital et ne s'étaient pas bien rendu compte que jamais on ne trouverait des souscripteurs avec un droit d'atterrissement aussi court.

Le 19 février arriva et le câble fuyait avec le temps; demandeurs en concession, Directeur général et Ministre, tous couraient après l'impossible, tandis que s'il y avait eu à la tête de l'administration télégraphique un esprit plus sérieux, il aurait commencé par où il a fini, c'est-à-dire par écouter les conseils d'hommes pratiques et instruits, et depuis un an le câble transatlantique fonctionnerait.

C'est sur M. de Vougy que doit retomber toute cette responsabilité; ce qui va suivre le démontrera :

Au 19 février, le gouvernement est donc libre, et cette entreprise, taxée de folie un an avant, trouve des envieux et fait naître des espérances à de nouveaux venus; c'est donc au 19 février 1868 que commence la seconde période du câble, celle qui fait l'objet des contestations existant entre

MM. Blackmore et Delessert, et Son Excellence de l'intérieur.

MM. Delessert, de Saint-Maurice et Beyfus, bien que le terme fixé par M. Pinard fût passé, n'en continuaient pas moins leurs démarches en Angleterre, ne pouvant croire que le gouvernement ne tiendrait aucun compte de tous leurs efforts. Ce fut à ce moment que je fus mis en relation avec ces messieurs. Des concours sérieux vinrent à eux, et pendant les mois de mars et d'avril ils obtinrent des contrats avec les propriétaires de la concession américaine, l'appui de maisons de banque importantes et des projets de traité furent passés avec la Compagnie submarine; enfin, le succès de leur entreprise était assuré.

Fort de leur situation nouvelle, résultat d'efforts communs, je m'adressai à M. Emile de Girardin pour le prier d'intervenir auprès du Directeur général des lignes télégraphiques, dans le but d'obtenir la concession du câble.

L'idée de concourir à relier la France à l'Amérique par un fil électrique, d'attacher son nom à une œuvre si éminemment patriotique et d'obliger des amis, suffit à M. de Girardin pour le décider à prêter son appui au câble transatlantique par Brest. Le 7 mai, il se présentait donc chez M. le Directeur général, muni d'une demande portant 20 ans de concession au lieu de 5; réduction des dépêches à 100 francs pour 20 mots, au lieu de 250 francs, prix du tarif anglais, etc., etc.

M. de Vougy ne comprit pas parfaitement la question. Au lieu de faire de notre demande la base d'un contrat, nous fûmes fort surpris de recevoir, le 15 mai, un cahier des charges annonçant une adjudication pour le 15 juin.

Le 18 mai, je fus chargé par MM. Delessert et Blackmore, représentant le groupe composé des éléments nouveaux et anciens, d'écrire une lettre à S. Exc. M. le Ministre de l'intérieur pour lui soumettre un projet de contrat apportant de notables modifications au cahier des charges que nous qualifiions d'impossible et déclarant que notre Compagnie ne traiterait jamais que de gré à gré et non par voie d'adjudication.

Le 22 mai, M. E. de Girardin confirme la même déclaration à M. de Vougy. Il était porteur d'une lettre de MM. Hope et Blackmore, de Londres, contenant les modifications signées et communiquées le 18 mai à M. le ministre.

M. de Vougy reconnut trop tard qu'il eût mieux valu faire tractativement une convention que de recourir à une adjudication dont il prévoyait l'insuccès. Mais, ajouta-t-il, « si l'adjudication du 15 juin est » sans résultat, présentez-vous avec votre » combinaison et, le 16, je signerai un » contrat avec vous sur les bases présentées. » Cet engagement était formel, du moins nous l'avions considéré comme tel.

Ce qui avait été prévu arriva, personne n'osa accepter les rigueurs du cahier des charges du 15 juin, et l'adjudication fut nulle.

Le 16, nos amis d'Angleterre étaient à Paris, et M. de Girardin voulut bien nous présenter à M. le Directeur général. En même temps il lui déclara que nous étions prêts à remplir les engagements contractés avec lui, et il demanda à M. le Directeur général s'il était en mesure de remplir les siens. M. de Vougy hésita, mais M. de Girardin n'admit aucune tergiversation, il enferma le Directeur dans la logique des faits, et il fut convenu que, le 17 juin, je rédigerais avec M. le Directeur général le contrat à intervenir entre les parties et qu'une copie de ce contrat nous serait donnée pour être envoyée à Londres. En effet, le 17 et le 18, j'ai, d'un commun accord avec M. de Vougy, et dans ses bureaux, rédigé le fameux projet qui, s'il ne constitue pas un droit strict, constitue au moins un droit moral, surtout quand à ce contrat vient se joindre la parole d'un Ministre. Les explications qui vont suivre feront suffisamment ressortir la véracité de cet exposé.

Le 19 juin, j'eus l'honneur de recevoir des mains de M. de Vougy, pour être envoyé à Londres, le soir même, le projet de contrat définitif contenant toutes les clauses acceptées par les contractants (pièce n° 6, page 12), et c'est sur l'envoi de cette pièce promise par M. de Vougy, le 16, rédigée les 17 et 18, remise le 19, que MM. Blackmore, Delessert et Hope se sont mis en mesure de préparer les divers marchés relatifs à la pose et à la construction du cable. — Voir lettre d'envoi (pièce n° 7, page 13).

Mais M. de Vougy avait mis une condition à la signature du contrat : « Justifiez-» moi, disait-il, que vous êtes réellement » possesseurs, par traité, de la concession » américaine? »

Le 20 juin, accompagné de MM. Beyfus, de Paris, et Ritso, de Londres, je portai à la direction générale les pièces promises. M. de Vougy s'en trouva satisfait et m'offrit, en présence de ces Messieurs, de signer immédiatement la convention du 17, convention qui nous donnait jusqu'au 20 juillet pour déposer un million et justifier du capital. — Voir attestation Beyfus et Ritso (pièce n° 8, page 13).

M. de Girardin devait le même jour, 20 juin, voir M. le Ministre pour obtenir son adhésion finale (pièce n° 9); mais M. de Vougy me chargea d'aller lui dire de ne pas se déranger, attendu que tout était entendu, fini avec M. le Ministre de l'Intérieur. Ceci se passait le samedi soir 20 juin. Je télégraphiai et j'écrivis à Londres pour annoncer cet heureux résultat.

Le mardi, 23 juin, je reçois pouvoir et crédit, et je me présente à la Direction générale. M. de Vougy, sans attendre les paroles de politesse d'usage, me dit : « Tout » est raté ; il fallait signer plus tôt; de » hautes influences ont tout fait manquer » et j'ai ordre de faire un nouveau cahier » des charges pour une adjudication au » 29 juin. » Je ne pouvais croire à un tel langage.

Le 23 au soir, je reçus en effet un nouveau cahier des charges aussi impossible que le premier. Nous marchions de surprise en surprise.

Cependant j'espérais décider les Anglais à soumissionner le 29.

Je demandai donc, le 27, l'autorisation de déposer le cautionnement, mais je fus désavoué par MM. Blackmore et Delessert, qui se plaignirent à juste titre du manque de parole de M. de Vougy, et qui déclaraient vouloir rester sous l'empire du contrat du 17, qu'ils considéraient comme parfaitement valable.

Le 29 juin arrive ; M. Erlanger ne dépose pas le million et refuse d'accepter les conditions dont il avait demandé lui-même l'application.

Le jour même de ce nouvel échec, je prie M. le Directeur général de reprendre la convention du 17, et M. Emile de Girardin s'adresse directement à S. Exc. M. Pinard.

Le 1er juillet il se rend au ministère de l'intérieur; sur les explications qu'il donne M. le Ministre lui dit :

« Vous voudriez, n'est-ce pas, que la » convention soit signée après-demain? — » Non, répond M. de Girardin, mais de» main, 2 juillet, car le 4 juillet, jour an» niversaire de l'indépendance de l'Amé» rique, on fait l'émission à Londres. » A quoi le Ministre répond : « Soit! je vais » faire appeler M. de Vougy. »

J'attendais M. de Girardin dans l'antichambre du Ministre, et voici ce qu'il me dit : « Tout est fini, j'ai la parole de M. Pi» nard, télégraphiez à Londres qu'on peut » signer définitivement les contrats de » construction du cable. »

Mais quel ne fut pas notre étonnement quand ce même jour, 2 juillet, je reçus de la Direction générale un troisième et nouveau cahier des charges pour une troisième adjudication fixée au 6 juillet, à quatre jours de délai!!!

Le 3, nous envoyons un exprès à Londres pour arrêter l'émission et la signature des contrats; mais il était trop tard. Contrats, prospectus, imprimés, enregistrements de l'acte social, tout était consommé !

Le 5 juillet, les Anglais arrivent à Paris et s'indignent contre un tel procédé; ils ne veulent pas y croire !

Le 6 juillet ils partent pour Fontainebleau afin de demander justice à l'Empereur et faire ajourner l'adjudication. S. M. ne peut pas les recevoir.

Ces Messieurs ne pouvaient pas admettre qu'on pût faire une adjudication à si bref délai, et sans publicité, contrairement à ce qui se pratique pour les fournitures de l'Etat et les travaux publics, surtout, quand les intéressés sont à l'étranger.

Enfin, le 6 juillet, MM. Erlanger et Reuter ont été déclarés adjudicataires ; ils n'ont pas eu de concurrent.

Le 7, MM. Delessert et Blackmore font tenir une protestation par lettre et par huissier à S. Exc. le Ministre de l'Intérieur (pièce n° 10, page 14).

Ici s'arrête la deuxième période du câble, et la troisième commence ; les faits qui s'y rattachent ne manqueront pas d'intérêt.

Le même jour, 7 juillet, MM. Blackmore et Hope vont demander à M. le Directeur général quelques explications sur la manière dont on avait méconnu leurs intérêts.

M. de Vougy eut à ce moment une attitude bizarre ; il semblait tout ignorer : promesse du Ministre, contrat du 17, etc. Mais, ramené sur la vérité des faits, son courroux fut extrême, ses emportements ridicules, et, selon son habitude, les expressions dont il se servait n'étaient ni mesurées, ni convenables, et je ne puis à mon avis, mieux expliquer l'incident du 7 juillet, qu'en renvoyant le lecteur à la note signée par M. Hope (pièce n° 11, page 15), reproduisant toute la conversation intervenue entre MM. Blackmore et Hope et M. de Vougy, et, en second lieu, avec M. Borde. Cette conversation, disons plutôt cette discussion, a donné lieu à une lettre de M. Hope à M. de Vougy (pièce n° 12, page 16), restée sans réponse, ainsi qu'à une de M. Borde au même (pièce n° 13, page 17), restée également sans réponse. Nous ne saurions trop recommander la lecture de ces curieux documents.

On comprendra facilement mon indignation, et ma lettre du 8 juillet se justifie par l'étrange situation que M. de Vougy venait de me faire : son principal système était l'intimidation ; il croyait vraiment avoir affaire à des enfants ; il pensait que crier c'était prouver, et menacer c'était justifier. Enfin, le 22 juillet, j'ignore ce qu'il a écrit à M. le procureur impérial. Le communiqué du 7 août, paru dans la *France*, dit : « On a signalé le fait de substitution » de pièce à M. le procureur impérial. » Ce magistrat nous a fait demander, nous a reçu avec courtoisie, et nous a dit : « Mon intervention » n'est qu'officieuse ; vous et M. de Girardin aidez-moi à ravoir cette pièce ;

» elle ne peut rester hors du ministère. » Je l'ai revu deux fois depuis, et le 2 août je l'ai supplié d'agir contre moi, s'il y avait lieu ; que loin de repousser le débat je j'appelais.

La liste de nos témoins est prête et la lumière sera facile à faire. Nous devons ajouter que la protestation de MM. Blackmore et Delessert, en date du 8 juillet, est restée sans réponse jusqu'au 17. A cette date, M. le ministre répond la lettre ci-annexée (pièce n° 14, page 17).

Comme dans cette lettre M. le ministre fait allusion à la substitution de la pièce du 17 juin, j'ai répondu, en ce qui me concerne, à S. Exc. M. Pinard, le 18 juillet (pièce n° 15, page 18). Cette missive est restée sans réponse comme les autres.

Que M. le directeur général me permette de lui rappeler que, le 17 juin, nous vivions en bonne harmonie, que rien ne faisait supposer que l'instant approchait où on méconnaîtrait les droits de MM. Blackmore et Delessert.

M. de Vougy, tout comme nous, désirait le succès de l'œuvre, et M. Erlanger, si je m'en rapporte aux expressions tombées de la bouche du directeur général, n'était pas en faveur dans son esprit.

Oui, vous m'avez remis la pièce sans arrière pensée et je l'ai reçue de même : le plus simple examen démontre jusqu'à l'évidence qu'il ne pouvait en être autrement le 19 juin.

L'incident du 7 a été inventé pour anéantir le groupe français, pour faire fusionner MM. Erlanger et Reuter avec MM. Blackmore et Hope ; l'honorabilité de ces deux derniers a seule évité une telle solution.

Oui, vous avez proposé cette inconcevable fusion, et M. Erlanger attendait dans votre appartement pour sanctionner sans doute le marché que vous proposiez.

Croyez-moi, monsieur le Directeur général, déclarez que vous vous êtes trompé, que, pour expliquer une situation fausse, vous la rendez plus fausse encore.

Dites que M. le ministre a été égaré par vous, sans quoi il n'eût pas manqué à sa parole, car noblesse oblige. La parole d'un

ministre doit être d'autant plus respectée
qu'elle part de plus haut !!

Au moment où j'écris, je ne puis croire
à un tel oubli : Il y a là-dessous quelque
combinaison..... que l'avenir seul expli-
quera.

M. Pinard a dû être trompé !

A l'appui de ma bonne foi dans la remise du contrat du 17 juin, j'invoque
le témoignage de dix personnes des plus
honorables.

J'invoque une lettre à M. de Vougy, en
date du 19 juin, ainsi conçue (pièce n° 16,
page 19) :

Paris, le 19 juin 1868,
26, rue de la Bienfaisance,

Monsieur le directeur général,

J'ai l'honneur de vous adresser la copie de
la pièce que vous avez bien voulu me communiquer ainsi que la minute qui a servi à la
rédiger.

Veuillez agréer, monsieur le Directeur général, avec mes remerciements, l'assurance
de mes sentiments dévoués et respectueux.

Signé : BORDE.

J'invoque la lettre d'envoi à Londres à
MM. Blackmore et Delessert, en date du
19, ainsi libellée (pièce n° 7, page 13).

Paris, 19 juin 1868,
26, rue de la Bienfaisance.

Messieurs,

J'ai l'honneur de vous adresser le projet
de contrat qui m'a été remis par M. de Vougy, Directeur général des lignes télégraphiques ; tout est conforme aux accords.

Demain, à 6 heures du soir, M. de Girardin et M. de Vougy se rencontreront chez
S. Exc. M. le Ministre de l'intérieur, afin de
tout terminer et de fixer l'heure et le jour
pour la signature. — Dès que M. le Ministre
aura signé, l'insertion paraîtra au *Moniteur.*

J'ai fait porter le délai au 20 juillet.

Recevez, messieurs, l'assurance de ma
considération la plus distinguée,

*L'Ingénieur, membre du Conseil
général des Bouches-du-Rhône.*

Signé BORDE.

J'invoque le silence de M. de Vougy.

J'invoque la double remise des pièces
faite, le 19, et de la copie blanche et de la
minute qui avait servi à la rédiger, et
renvoyée le soir même, conformément à
ma lettre, à M. de Vougy, reproduite ci-
dessus (pièce n° 16, page 19).

J'invoque le démenti donné à M. de
Vougy par M. Hope, dans sa lettre du 8
juillet.

J'invoque mes lettres restées sans réponse.

J'invoque ma lettre du 8 août, publiée
dans la *France* (pièce n° 5, page 11).

Je pourrais encore invoquer la conscience de M. le Directeur général, mais par
prudence je m'arrête. Assez de déceptions
comme cela.....

MM. Blackmore et Delessert persistent
à croire que la dernière adjudication du
directeur général est sans valeur. — Les
parties intéressées n'ont connu l'annonce
de cette nouvelle adjudication fixée au 6
juillet que le samedi 4. — Comment au-
raient-ils pu s'y présenter et y concourir
dans un si bref délai ! Ils étaient en ce moment à Londres, s'occupant de préparer
l'émission pour le 4 juillet.

MM. Delessert et Blackmore comptaient
donc sur le traité du 17 juin et sur la parole du ministre donnée le 1er juillet à M.
de Girardin ; or, ce traité accordait jusqu'au 20 juillet pour la formation du capital. Il n'y a qu'à lire les articles 10 et 11
du contrat (pièce n° 13, page 17).

M. le Directeur général s'est donc placé
au-dessus de l'équité, au-dessus des con-
venances et du droit même.

Que lui importent nos traités avec les
concessionnaires américains !

Que lui importe le contrat qu'il nous a
remis ! contrat élaboré d'un commun accord avec nous !

Que lui importe la parole du ministre à
M. Emile de Girardin !

Que lui importent nos actes de société
signés !

Que lui importent nos traités avec les
constructeurs du câble !

Que lui importe la clause renvoyant au
20 juillet le versement du million de cau-

tionnement et la justification du capital de 30 millions !

Que lui importe que la pose du cable ait lieu en 1869 ou en 1870 !

Que lui importent nos projets, nos études depuis trois ans, et le concours des plus grandes maisons de Londres, de Liverpool et de Philadelphie !

Ce qui lui importe, c'est que M. Erlanger pose le cable, non pas en offrant comme nous 1 million de cautionnement, mais bien 500,000 francs seulement ; non pas en ayant jusqu'au 20 juillet pour former son capital, mais bien jusqu'au 15 décembre prochain.

Tout cela n'est-il pas étrange ?

Heureusement qu'au-dessus des appréciations du Directeur général il y a la justice ; à son tour elle appréciera et jugera.

Paris, le 9 août 1868.

Je me résume :

J'affirme que la convention du 17 juin m'a été remise le surlendemain 19, sans aucune réserve, et que M. de Vougy ne faisait, en me remettant cette pièce, qu'accomplir la promesse faite, le 16 juin, en présence de six personnes.

J'affirme que cette convention était bien l'expression des accords définitifs intervenus entre M. le ministre et MM. Blackmore et Delessert.

J'affirme que le 20, M. de Vougy a déclaré, en présence de MM. Ritso, de Londres, et Beyfus, de Paris, qu'il était prêt à recevoir la signature des contractants et à faire signer le Ministre.

J'affirme enfin que le 1er juillet M. le ministre de l'intérieur a promis à M. de Girardin qu'il signerait la convention le lendemain, 2 juillet.

PAUL BORDE,

Ingénieur, membre du conseil général
des Bouches-du-Rhône.

APPENDICE

N°

LA *FRANCE*, 1er AOUT.

Paris, 31 juillet 1868.

Monsieur le Rédacteur en chef de la France.

Votre numéro d'avant-hier renferme une note concernant la ligne télégraphique sous-marine, destinée à relier la France aux Etats-Unis.

Vous constatez que la nouvelle d'une concession accordée à MM. Erlanger et Reuter a été accueillie en France avec un grand contentement, et vous vous étonnez qu'en Angleterre elle ait soulevé de ma part et de celle de M. Blackmore, une vive réclamation.

Votre étonnement et celui du public cesseront quand les faits qui ont précédé et accompagné cette prétendue concession seront connus dans toute leur vérité, et quand la lumière se fera sur les *droits respectifs de chacun.*

Les nôtres, quoique méconnus, sont incontestables; et, croyez le bien, nous ne nous serons pas exclusivement occupés, pendant trois ans, de cette grosse affaire; nous n'y aurons pas consacré, avec un dévouement infatigable, notre temps et notre fortune; nous n'aurons pas, en France et en Angleterre, à force de démarches et de persévérance, rallié à cette entreprise toute nationale d'énormes capitaux, de hautes influences, des intelligences éminentes, de grands noms scientifiques et financiers; nous n'aurons pas longuement élaboré et passé des contrats en Angleterre et obtenu le droit d'atterrissement en Amérique; nous ne serons pas,

en un mot, arrivés jusqu'à l'heure suprême de l'émission, pour nous voir tout à coup, sans réclamer et sans crier justice, dépossédés par *surprise* de ce que nous devions considérer comme notre bien, puisque nous avions la parole du ministre !...

Non-seulement, M. Blackmore et moi, nous avons protesté comme vous le dites, mais, de plus, à la date du 20 de ce mois, époque à laquelle nous devions justifier de l'exécution de toutes les clauses du contrat, à nous donné, en mains propres, le 17 juin dernier, après deux adjudications infructueuses, nous avons mis S. Exc. M. le Ministre de l'intérieur en demeure de remplir ses engagements envers nous; mais encore nous sommes, en ce moment même, en instance auprès de S. M. l'Empereur pour lui soumettre les détails de cette affaire. Enfin, connaissant très bien la marche à suivre en pareille matière, nous nous préparons à porter devant la juridiction compétente, la contestation survenue d'une façon si inattendue entre M. le Ministre et nous.

Selon vos désirs, la question sera donc prochainement vidée, et, confiants dans la justice du pays, nous ne doutons pas que pleine et entière satisfaction ne nous soit accordée.

Nous espérons que vous accueillerez favorablement notre réponse, et, dans cette attente, nous avons l'honneur de vous saluer, monsieur le rédacteur en chef, avec la considération la plus distinguée.

BLACKMORE,
Eugène DELESSERT.

N° 2

LE *MONITEUR*, 3 AOUT

Dans son numéro du 1er août, le journal *la France* publie une lettre par laquelle MM. Blackmore et Eugène Delessert contestent la légalité de la concession d'une ligne transatlantique faite le 6 juillet à MM. d'Erlanger et Reuter, déclarant qu'ils sont possesseurs d'une concession antérieure qui remonterait au 17 juin dernier.

Ces allégations ont déjà été réfutées dans un communiqué donné récemment au journal *le Temps*; elles doivent l'être de nouveau en entrant dans le détail précis des faits.

MM. Delessert et Blackmore n'ont obtenu aucune concesion ni promesse de M. le ministre de l'intérieur; ils ont eu entre les mains, le 17 juin, un simple projet de convention dont ils avaient fait demander la communication, projet qui n'est ni signé ni approuvé, et qui, par conséquent, ne pouvait constituer aucun droit. MM. Delessert et Blackmore avaient si bien compris cette situation, que deux adjudications successives auxquels ils ont été appelés à participer ont eu lieu le 29 juin et le 6 juillet, sans que, dans ces intervalles, il y ait eu aucune protestation de leur part.

Les allégations de MM. Delessert et Blackmore ne reposant sur aucun titre, MM. d'Erlanger et Reuter sont les seuls concessionnaires du câble transatlantique qui doit relier la France à l'Amérique du Nord.

N° 3

LA *FRANCE*, 5 AOUT

A M. le Rédactenr en chef de la France.

Paris, le 4 août 1868.

Monsieur,

Nous venons de lire dans votre journal un *communiqué* relatif à la question pendante entre M. le Ministre de l'intérieur et nous, au sujet de la concession du câble transatlantique.

Vous affirmez que MM. Delessert et Black-more n'ont obtenu du département de l'intérieur ni concession ni promesse.

Nous n'entrerons pas, quant à présent, dans le détail des faits ; une réponse serait trop longue. Nous nous bornerons à affirmer à notre tour qu'un titre résumant les accords définitifs survenus entre M. le Ministre et nous, a été remis par M. de Vougy à M. Borde, notre ingénieur, le 19 juin, et qu'il nous l'a transmis immédiatement à Londres

Nous affirmons encore que M. Emile de Girardin nous a déclaré que S. Exc. M. le ministre de l'intérieur lui avait promis, le 1er juillet, de signer dès le lendemain le contrat du 17 juin nous accordant jusqu'au 20 juillet pour la justification de la souscription du capital.

Nous nous réservons de donner, en temps opportun, et devant qui de droit, des explications plus complètes.

Veuillez, monsieur le rédacteur, etc.

Paris :   Eugène Delessert.
Londres : William Blackmore.

N° 4

LA *FRANCE*, 8 AOUT

Nous recevons du Ministère de l'intérieur la note suivante :

La *France* a inséré dans son numéro du 6 août une lettre de MM. Delessert et William Blackmore, où il est affirmé qu'un titre résumant les prétendus accords définitifs survenus entre le Ministre de l'intérieur et les signataires sus-nommés, avait été remis, le 19 juin, par M. de Vougy à M. Borde, leur ingénieur, qui le leur a transmis immédiatement à Londres,

L'assertion est complètement erronée. M. Borde a demandé à M. le Directeur général des lignes télégraphiques de lui confier la minute non signée d'un projet de convention, afin d'en faire faire une copie pour ses associés, et de leur signaler ainsi les conditions qui seraient les bases du contrat. M. Borde, au lieu de remettre cette minute à l'administration, ne lui restitua qu'une copie. Il avait gardé la minute, minute non signée, qui ne pouvait lui donner aucun droit, mais à l'aide de laquelle il pouvait faire plus facilement illusion soit aux tiers, soit à ses mandants.

Ce fait d'avoir substitué une copie à une minute, a été signalé à M. le procureur impérial par une lettre de M. le Directeur général des lignes télégraphiques, en date du 22 juillet 1868.

Ceux qui ne réussissent pas dans leurs demandes de concessions se livrent trop souvent à des plaintes mal fondées. Pour couper court, le ministre a tenu à imposer à tous la règle invariable de l'adjudication publique.

Nᵒ 5

LA *FRANCE*, 8 AOUT

Nous recevons la lettre suivante :

Paris, 8 août 1868.

Monsieur le Rédacteur en chef de la France.

Vous avez inséré dans votre numéro d'hier un *communiqué* que je ne puis ni ne dois laisser sans réponse, car il serait de nature à porter à mon honneur la plus grave atteinte, puisqu'il m'attaque dans ma loyauté.

Un écrit que je vais livrer à l'impression établira dans ses détails les plus minutieux la stricte vérité des faits ; mais comme cet écrit, destiné à passer sous les yeux de S. M. l'Empereur, de S. Exc. M. le Ministre de l'intérieur et du public, serait trop long pour trouver place dans votre journal, je bornerai ma réponse à cette expresse déclaration : Il n'est pas exact que j'aie substitué une copie à la minute qui m'avait été confiée par M. de Vougy, et la preuve que ce que j'affirme est exact, et que ce qu'affirme M. de Vougy ne l'est pas, résulte de la lettre suivante :

« Paris, 19 juin 1868.

» Monsieur le directeur général,

» J'ai l'honneur de vous adresser la copie de la pièce que vous avez bien voulu me communiquer *ainsi que la minute qui a servi à la rédiger.*
» Veuillez, etc.

» *Signé* P. Borde. »

Le 19 juin, que m'avait remis M. de Vougy ?
Il m'avait remis :

1º La minute que je lui ai renvoyée le soir même ;

2º Une copie *blanche* que j'ai expédiée immédiatement à Londres par la poste.

Pourquoi lui ai-je renvoyé le soir même copie de cette copie *blanche* en même temps que la minute qu'il m'avait confiée ?

Pourquoi M. de Vougy m'avait-il à la fois remis cette minute et cette copie *blanche* ?

Je vais le dire :

Il était quatre heures et demie.

Il n'y avait pas de copiste dans les bureaux de M. de Vougy.

Cependant il fallait que la copie *blanche* de la convention, à laquelle il ne manquait que la signature du Ministre, partît le soir même pour Londres.

Puis il fallait que le lendemain, samedi 20 juin, à huit heures du matin, une copie de la convention fût remise au ministre par M. de Vougy.

Comment faire ? me dit-il.

Je lui réponds :

Donnez-moi la minute (elle était à l'état de brouillon). Je cours à la poste pour expédier à Londres la copie mise au net, et *sur la minute* je vous ferai faire une copie que je vous enverrai ce soir même en y joignant la minute que vous me confiez.

Si ce n'était pas la vérité, pourquoi M. de Vougy m'aurait-il remis à la fois :

1º La minute-*brouillon* de la convention ;

2º Une copie *blanche* de la convention?

Si ce récit n'était pas la vérité même, matériellement prouvée par cette double remise de pièces, comment M. de Vougy explique-t-il que, du 19 juin au 7 juillet, pendant dix-sept jours, il ne m'ait pas écrit un seul mot pour réclamer la pièce à laquelle il attache tant d'importance ?

C'est le 22 juillet seulement que M. de Vougy, dans un but que je m'abstiens de qualifier ici, signale à M. le procureur impérial le fait d'avoir substitué une copie à une minute... Comment et pourquoi a-t-il attendu plus d'un mois?

J'ai envoyé le soir même, 19 juin, à M. de Vougy, la minute qui a servi à faire la copie dont il avait besoin le lendemain matin, 20 juin, pour la placer sous les yeux du ministre.

J'ai expédié immédiatement à Londres la copie *blanche* qu'il m'avait remise à cet effet, et qu'il n'avait pu me remettre que dans ce seul but.

Telle est la vérité, qui défie toute intervention de M. le procureur impérial et toute instruction de juge.

Loin de redouter la publicité d'un débat judiciaire, je la désire et je l'appelle. Preuves et témoins ne me manqueront pas pour faire regretter à M. de Vougy son injurieux et calomnieux *communiqué*.

Recevez, monsieur le rédacteur en chef, l'assurance de mes sentiments distingués.

P. BORDE.

Ingénieur, membre du conseil général des Bouches-du-Rhône.

N° 6

Ministère de l'intérieur. — Direction générale des Lignes télégraphiques.
Cabinet du Directeur général (2e section).

CONCESSION DU CABLE TRANSATLANTIQUE

ENTRE BREST ET NEW-YORK

Entre le ministre de l'intérieur agissant au nom de l'Etat, d'une part, et MM. Eugène Delessert et William Blackmore, demeurant à Paris, rue de la Bienfaisance, n° 26, d'autre part,

Il a été convenu et arrêté ce qui suit :

Article 1er. — Le ministre de l'intérieur concède à MM. E. Delessert et W. Blackmore le droit d'établir et d'exploiter une ligne télégraphique sous-marine entre la France et les Etats-Unis d'Amérique, aux conditions stipulées dans les articles suivants.

Art. 2. — La ligne partira de Brest pour aboutir sur un des points du littoral des Etats-Unis compris entre Boston et New-York, en passant par Saint-Pierre (Terre-Neuve), possession française.

Elle ne touchera sur son parcours au territoire d'aucun état étranger.

Elle devra être établie et en état de fonctionner à la date du 1er septembre 1869.

Art. 3. — Le Gouvernement s'interdit pendant un délai de vingt années, à partir du 1er septembre 1869, de faire d'autres concessions de ligne entre la France et l'Amérique du Nord.

Art. 4. On appliquera sur la ligne les règles de la convention télégraphique de Paris et de toutes autres conventions internationales par lesquelles elle serait ultérieurement remplacée.

Art. 5. — Le prix de la dépêche de vingt mots sur le parcours du câble ne pourra être supérieur à cent francs.

Art. 6. — Le gouvernement se réserve d'organiser sur le service de la ligne transatlantique et aux frais des concessionnaires, tel contrôle qu'il jugera convenable.

A cet effet le service de la ligne transatlantique sera installé dans une des pièces dépendant du bureau de Brest, dont le loyer sera remboursé à l'Etat par les concessionnaires.

Les employés du bureau de l'Etat seront pour les transmissions les intermédiaires obligés entre le public et les agents des concessionnaires.

Les dépêches reçues par le câble leur seront immédiatement remises pour être distribuées à domicile par leurs soins.

Les dépêches à transmettre seront également déposées entre leurs mains et remises par eux aux agents des concessionnaires.

Art. 7. — La Compagnie qui sera formée par les concessionnaires ne pourra fusionner ses intérêts avec ceux d'aucune autre compagnie française ou étrangère concessionnaire de câble transatlantique, ni céder ou affermer sa ligne sans l'autorisation du gouvernement.

Art. 8. — Si, dans le délai de vingt années pendant lequel le gouvernement s'est interdit d'accorder aucune autre concession de ligne transatlantique, un seul câble devenait insuffisant par suite du mouvement des correspondances ou de toute autre cause, les concessionnaires seraient tenus d'en établir un second dans les dix-huit mois de la mise en demeure qui leur serait faite par l'administration, à moins qu'ils ne préférassent renoncer au privilége qui résulte pour eux de l'article 3 du présent cahier des charges. Dans ce dernier cas, ils feraient connaître leur résolution dans les trois mois de la mise en demeure mentionnée ci-dessus.

Il serait procédé comme il est dit ci-dessus pour tous les autres câbles supplémentaires qu'il y aurait lieu d'établir.

Art. 9. Si, dans les vingt premières années de l'exploitation du câble, les communications étaient interrompues pendant un délai de dix-huit mois consécutifs, le privilége établi en faveur des concessionnaires serait nul de plein droit et le gouvernement reprendrait la faculté de donner telles autres concessions qu'il lui conviendrait.

Art. 10. — La présente convention sera remise aux concessionnaires dès qu'ils auront justifié du versement à la caisse des dépôts et consignations de la somme de 1 million de francs à titre de cautionnement.

Art. 11. — Les concessionnaires seront tenus de justifier d'ici au 20 juillet prochain de la constitution légale de leur société au capital de vingt-cinq millions de francs, ainsi que de la souscription à la totalité des actions correspondant à ce capital. Faute par eux de remplir cette condition, leur cautionnement sera acquis à l'Etat.

Art. 12. — Un agent de l'administration des lignes télégraphiques sera admis dans les usines où se fabriquera le câble transatlantique toutes les fois que l'administration en fera la demande aux concessionnaires.

L'administration pourra également faire vérifier par un de ses agents le câble terminé et mis à bord.

Art. 13. — Le cautionnement versé par les concessionnaires leur sera rendu lorsque le câble sera terminé et mis à bord prêt à être immergé.

Art. 14. — L'inobservation par les concessionnaires d'un quelconque des articles du présent contrat entraînera de plein droit le retrait de la concession.

Art. 15. — Les contestations qui s'élèveraient entre les concessionnaires et le gouvernement au sujet de l'exécution ou de l'interprétation des clauses du présent contrat seraient jugées administrativement par le Conseil de préfecture du département de la Seine, sauf recours au conseil d'Etat.

Art. 16. — Les droits de timbre et le droit fixe d'enregistrement seront à la charge des concessionnaires.

Paris, le 17 juin 1868.

Le Directeur général,

Approuvé :
Le Ministre de l'intérieur.

N" 7

*Copie d'une Lettre de M. Borde
à MM. Blackmore et Hope.*

Paris, 19 juin 1868.

Messieurs,

J'ai l'honneur de vous adresser le projet de contrat qui m'a été remis par M. de Vougy, directeur général des lignes télégraphiques; veuillez en prendre connaissance. Tout est conforme aux accords.

Demain, à 6 heures du soir, M. de Girardin et M. de Vougy se rencontreront chez S. Exc. M. le Ministre de l'intérieur, afin de tout terminer et de fixer l'heure et le jour pour la signature. — Dès que M. le Ministre aura signé, l'insertion paraîtra au *Moniteur.*
J'ai fait porter le délai au 20 juillet.
Recevez, messieurs, l'assurance de ma considération la plus distinguée.

*L'ingénieur, membre du conseil
général des Bouches-du-Rhône.*

Signé BORDE.

N" 8

*Copie d'une Lettre de MM. Beyfus et Ritso
à M. Borde, ingénieur.*

Paris, 8 juillet 1868.

Nous venons vous déclarer et attester par la présente que, nous étant trouvés avec vous dans le cabinet de M. le Directeur général des lignes télégraphiques, le 20 juin dernier, jour de samedi, M. le vicomte de Vougy vous a dit qu'il était prêt à signer la convention relative à la concession du câble transatlantique faite à M. Eugène Delessert et William Blackmore ; qu'il vous a demandé si M. Blackmore et ses associés anglais étaient à Paris et qu'il a été contrarié quand vous lui avez appris leur départ pour Londres ; enfin, que vous lui avez demandé si M. de Girardin devait aller conférer de l'affaire avec S. Exc. le Ministre de l'intérieur ; à quoi M. de Vougy vous a répondu que cette démarche était complétement inutile, puisque tout était terminé,

Nous désirons vivement, Monsieur, que cette déclaration simultanée de notre part puisse servir à la manifestation de la vérité dans une affaire où vous avez fait preuve de la plus entière franchise et de la plus grande loyauté.

Recevez, cher monsieur, l'assurance de notre parfaite considération.

Signés : W. BEYFUS, 102, rue Richelieu.
FRED. RITSO, 7, Lothbury London.

Copie d'une Lettre de M. Borde à M. de Vougy, directeur général des Lignes télégraphiques.

Paris, 20 juin 1868.

Monsieur le directeur général,

J'ai prié M. de Girardin de se trouver aujourd'hui, à 6 heures, chez M. le Ministre de l'intérieur.

Il y a un dîner chez M. de Girardin; s'il était donc possible à Son Excellence de le recevoir un peu plus tôt, soit à 3 heures ou à 4 heures, cela lui permettrait de ne pas manquer sa soirée.

M. de Girardin m'a chargé de vous adresser cette demande; dans le cas contraire, il se trouvera à 6 heures chez M. le Ministre.

J'aurai l'honneur de vous voir aujourd'hui à 1 heure, accompagné de l'Américain porteur de toutes les pièces relatives à la concession américaine.

Veuillez, monsieur le Directeur général, recevoir l'assurance de mes sentiments dévoués et respectueux.

Signé BORDE.

N° 10

A Son Excellence le Ministre de l'intérieur.

Paris, 8 juillet 1868.

Monsieur le Ministre,

Le 17 juin dernier, Votre Excellence a bien voulu faire avec nous une convention pour l'immersion d'un câble de Brest à New-York.

Cette convention fut rédigée par M. le vicomte de Vougy, Directeur général des télégraphes; après de longues discussions, et après plusieurs modifications, nous sommes enfin tombés d'accord et avons accepté sa rédaction finale.

Cette rédaction est ainsi conçue :

« Entre le Ministre de l'intérieur, agissant
» au nom de l'Etat, d'une part, et MM. Eu-
» gène Delessert et William Blackmore, de-
» meurant à Paris, rue de la Bienfaisance,
» n° 26, d'autre part, il a été convenu et ar-
» rêté ce qui suit :

« Article 10. — La présente convention
» sera remise aux concessionnaires dès qu'ils
» auront justifié du versement à la caisse des
» dépôts et consignations de la somme de un
» million de francs à titre de cautionne-
» ment.

» Article 11. — Les concessionnaires se-
» ront tenus de justifier, d'ici au 20 juillet
» prochain, de la constitution légale de leur
» société au capital de vingt-sept millions
» cinq cent mille francs, ainsi que de la sous-
» cription à la totalité des actions correspon-
» dant à ce capital. Faute par eux de rem-
» plir cette condition, leur cautionnement
» sera acquis à l'Etat. »

Quoique cette convention ait été faite avec nous de la manière la plus officielle et formelle, et que nous ayions travaillé sans cesse pour remplir nos engagements envers le gouvernement, nous avons appris avec le plus grand étonnement mêlé d'incrédulité que le gouvernement était entré, après le 17 juin, en négociations avec plusieurs autres personnes pour cette même affaire. Le bruit de ces négociations nous a même suscité de graves difficultés avec notre conseil d'administration et nos autres amis de Londres.

Enfin, nous ne saurions vous exprimer la surprise que uous avons éprouvée en recevant la lettre de M. le Directeur général vendredi dernier, et dont Votre Excellence trouvera copie sous ce pli.

Aussitôt, nous nous sommes rendus à Paris pour voir plus clair dans cette mystification. Malheureusement il paraît, nous assure-t-on, que ce n'est que trop vrai, et que Votre Excellence a oublié la convention faite avec nous aux termes de laquelle nous étions sur le point de faire une émission publique à Londres cette semaine, tandis que Votre Excellence signait une autre convention ou adjudication avec d'autres personnes pour cette même affaire.

Que le gouvernement de France agisse ainsi, c'est, nous l'avouons, bien surprenant, mais il paraît néanmoins que c'est ce qui vient de se passer.

Donc, dans cette circonstance, Monsieur le Ministre, nous considérons comme un devoir impérieux envers Votre Excellence de l'avertir officiellement que nous tiendrons le gouvernement responsable des conditions de la convention du 17 juin.

Il est vrai que nous ne sommes que de simples particuliers et de plus l'un de nous est étranger, et dans un cas ordinaire nous ne serions pas de force à lutter avec le gouvernement français, mais ici le cas est trop exceptionnel.

La fabrication de câbles est pour le moment une industrie exclusivement anglaise. Ce n'est encore qu'en Angleterre qu'on peut trouver le capital et des sociétés pour exploiter ces sortes d'affaires.

Mais le comité du Stock Exchange (la Bourse) veille sur tous les procédés des gouvernements étrangers avec ses compatriotes, et, après la convention faite le 17 juin, le comité ne permettra jamais que les actions d'aucune autre société soient cotées sur le Stock Echange, excepté celles de la société dont il est fait mention.

Espérant que le gouvernement prendra toutes les mesures nécessaires au maintien de nos droits et la sauvegarde de nos intérêts,

Nous restons, monsieur le ministre, vos très humbles et très respectueux serviteurs,

Signé William BLACMORE,

Founders'Court, Lethbury, London.

Pour les *intéressés français* :

Signé Eugène DELESSERT.

Paris.

N° **22**.

Note de la conversation qui a eu lieu aujourd'hui 7 juillet 1868, entre M. de Vougy et M. Hope.

1° M. Hope venait faire et demander les explications.

Il disait qu'il était mystifié parce qu'il pensait que tout était arrêté, et maintenant la concession est donnée à M. Erlanger.

2° M. de Vougy disait qu'il n'y avait rien d'arrêté.

M. Hope disait que cependant, en présence de M. de Girardin, etc., c'était bien entendu que, sauf l'approbation du Ministre, M. de Vougy était d'accord.

M. de Vougy : Mais toujours sauf l'approbation du Ministre.

M. Hope : Oui, mais c'était encore entendu que si le Ministre l'approuvait, une copie blanche serait donnée pour mettre la société à même de s'enregistrer, etc. Après quoi la copie blanche était envoyée.

3° M. de Vougy : Jamais !

4° M. Hope : Mais cependant nous avons bien reçu la convention à Londres.

M. de Vougy : Quelle convention ?

— *La* convention.

— Mais quelle convention ?

— La convention rédigée dans le Ministère et écrite sur le papier officiel.

5° M. de Vougy niait l'existence d'un tel document.

M. Hope : Mais le voilà !

M. de Vougy : Qu'est-ce que c'est donc ?

M. Hope : La convention.

M. de Vougy : Elle n'existait jamais.

6° M. Hope : Cependant elle sortit du ministère.

M. de Vougy : J'ai dit à M. Borde que le Ministre ne l'approuvait pas, et le soir même je lui ai envoyé le nouveau cahier des charges, *le soir même!*

7° M. Hope : De ça, je n'ai jamais entendu parler.

M. de Vougy : Mais j'ai le reçu de M. Borde que je vous montrerai daté le soir même.

8° M. Hope : On ne nous l'a jamais expédié.

M. de Vougy : Alors on vous a trompé. Pourquoi ne veniez-vous pas chez moi vous-même?

M. Hope laissait ça à ses associés français.

M. de Vougy : J'aimerais bien mieux recevoir les étrangers que les Français.

9° Alors M. de Vougy commençait à lire la convention, et quand M. Hope lui a fait remarquer que c'était bien une convention et pas un cahier des charges, et qu'elle ne portait pas même le mot *projet*, M. de Vougy commençait à se fâcher et disait ou plutôt criait que la pièce lui avait été volée par M. Borde, qu'il le ferait venir immédiatement et qu'il lui jetterait l'accusation de vol devant MM. Blackmore et Hope.

10° Il dit aussi qu'il citerait M. Borde devant la police correctionnelle.

11° Il envoyait chercher M. Borde.

12° Puis il dit que puisque MM. Blackmore et Hope avaient été trompés par tous ces fripons avec qui ils s'étaient associés, il serait beaucoup mieux qu'ils s'entendissent avec M. Erlanger; qu'il ne se mêlait jamais dans de pareilles affaires, mais vu que MM. Blackmore et Hope étaient étrangers et avaient été trompés par des Français, il enverrait chercher M. Erlanger et lui en parlerait.

13° M. Hope : Mais je ne crois pas que nous pourrions nous associer avec M. Erlanger.

— Mais pourquoi?

— Je ne crois pas que c'est possible.

— Ah! mais donnez-moi une raison donc?

— C'est que, vous savez, M. Erlanger n'est

pas très-bien vu en Angleterre et aux Etats-Unis.

— Mais vous pouvez bien cependant vous entendre avec lui?

— Je ne crois pas qu'aucune société puisse réussir appuyée sur son nom.

— Pourquoi ça?

— Vous savez, il a fait l'emprunt aux Etats confédérés d'Amérique, et il est détesté par le gouvernement de Washington.

— Pour ça, je n'en sais rien, moi.

— Et puis il s'est associé avec M. Arman dans la construction de navires de guerre pour les confédérés. Le gouvernement de Washington lui fait un procès, même en ce moment-ci, et je ne crois pas qu'on permettrait jamais une société créée par lui d'atterrir le câble aux Etats-Unis.

— Mais je ne crois pas qu'il y tienne beaucoup, et il vous sera facile de vous entendre avec lui. (Sur quoi il donnait l'ordre d'envoyer chercher M. Erlanger.)

— C'est possible; toutefois, Monsieur le Directeur général, nous ne pouvons pas nous associer avec M. Erlanger.

— Ah! mais comment donc?

— Non, nous ne pouvons pas.

— Encore, pourquoi?

— Eh bien! parce qu'il jouit d'une très-mauvaise réputation.

— De quoi s'agit-il donc? Il est riche et respectable banquier.

— Je ne dis pas qu'il ne soit pas riche.

— Qu'est-ce qu'il a donc?

— Je ne puis vous en dire davantage.

14° MM. Blackmore et Hope attendaient l'arrivée de MM. Erlanger et Borde.

15° M. Erlanger venait le premier et M. le vicomte le recevait seul.

— Erlanger sortit du cabinet, quoique pas de la maison.

16° Puis M. Borde est arrivé. M. de Vougy ne pouvait pas produire ni le nouveau cahier des charges qu'il prétendait avoir envoyé à M. Borde le 17 juin, ni le récépissé qu'il prétendait avoir gardé.

17° M. de Vougy n'osait pas parler devant M. Borde ni de *vol* ni de *police correctionnelle.*

18° Il s'excitait cependant, il criait, il hurlait, il injuriait M. Borde de toutes les manières et il faisait tout son possible pour provoquer M. Borde à dépasser les limites de la bienséance.

19° M. Borde s'indignait d'abord, mais bientôt il se calmait et parlait à M. de Vougy avec le mépris froid qu'il méritait.

Signé Hope.

Paris, ce 7 juillet 1868.

N° 12

Copie d'une Lettre de MM. Hope et William Blackmore à M. le vicomte de Vougy, directeur général 'des Lignes télégraphiques.

Monsieur le Directeur général,

Lors de notre conversation d'hier, quand vous avez d'abord nié l'existence d'une convention entre M. le Ministre de l'intérieur et MM. Delessert et Blackmore, et ensuite, quand vous m'avez dit que la pièce justificative, dont je vous ai montré copie imprimée, vous avait été volée par M. Borde, j'ai été tellement étonné de cette accusation, que je n'ai pas pu me rappeler la suite exacte des faits, non plus que leur date. Je vous ai dit alors que si vous nous prouviez que la pièce avait été soustraite, nous nous empresserions de vous la restituer, et nous avons télégraphié de suite à Londres à cet effet. Cette convention originale est aujourd'hui entre nos mains, mais vous n'avez pas répété l'accusation de vol en présence de M. Borde, non plus que la menace de police correctionnelle dont vous aviez parlé avant son arrivée. — De plus, la lecture consciencieuse que nous avons faite depuis de la correspondance de M. Borde nous a parfaitement remis au courant de ce qui s'est passé, et nous avons acquis la conviction que cette accusation n'est due qu'à quelque oubli bien regrettable.

Dans ces circonstances, au lieu de vous remettre la pièce originale que nous considérons comme légalement acquise et valable, nous avons cru devoir ne vous en remettre que la copie certifiée conforme.

Nous espérons, Monsieur le Directeur général, qu'après une lecture plus approfondie du dossier de notre affaire, vous nous ferez l'honneur de revenir sur l'opinion que vous nous avez exprimée aujourd'hui.

Veuillez agréer, Monsieur le Directeur général, l'expression de notre plus haute considération.

Signés Hope.
William Blacmore.

Paris, 8 juillet 1868.

N° 13

Copie d'une Lettre de M. Borde à M. le vicomte de Vougy, Directeur général des Lignes télégraphiques.

Monsieur le Directeur général,

Permettez-moi de vous présenter quelques observations au sujet de la scène que vous m'avez faite hier dans votre cabinet.

Si j'avais pu supposer que votre convocation, par dépêche, avait un tel but, je me serais poliment excusé ; mais il ne pouvait jamais me venir à la pensée qu'un pareil fait devait se passer dans le cabinet du Directeur général des lignes télégraphiques de France... Vos procédés d'intimidation, pour faire réintégrer dans vos bureaux une pièce que vous m'aviez donnée volontairement, et qui est acquise à MM. Delessert et Blackmore, vos menaces transparentes, vos gros mots, vos cris, tout cela m'inquiétait fort peu et ne m'inspirait qu'un profond sentiment de pitié ; car vous y perdiez à la fois et votre autorité et votre dignité. Mais quelle n'a pas été mon indignation quand MM. Hope et Blackmore m'ont fait part de la conversation que vous aviez eue avec eux, avant mon arrivée ! Et, afin que je ne puisse pas m'égarer, ces messieurs m'ont remis, ce matin, une copie signée par eux de la lettre qu'ils vous ont écrite. J'attends donc froidement l'exécution de vos menaces et nous verrons si l'oubli de la vérité vous aveuglera au point de vous plonger vous-même dans l'abîme où vous vouliez nous précipiter.

Il est vrai que la convention a existé et qu'elle existera ;

Il est vrai que cette convention a été élaborée dans votre cabinet par vous et par moi, le 17 juin ;

Il est vrai que vous me l'avez remise le 19, sans autre condition que de vous en faire tenir une copie ;

Il est vrai qu'un duplicata écrit de la même main que l'original est en votre possession ;

Il est vrai que vous m'avez déclaré, le 20 juin, être prêt à signer immédiatement cette convention ;

Il est vrai qu'à cette conversation étaient présents M. Beyfus, de Paris, et M. Ritso, de Londres.

Il est vrai que le mardi, 23 juin, quand je me suis présenté pour signer, vous m'avez répondu : « Il est trop tard, tout est *raté*, il fallait signer samedi 20. » Il est vrai que vous

avez ajouté, en vous excusant de ne pouvoir donner suite à la convention : « De hautes » influences sont intervenues, ...
» . . . .
» . . . . . . C'est Erlanger qui a fait tout le » mal.... Enfin, c'est ainsi ! »

Il est vrai que le soir du 23 seulement, vous m'avez envoyé un nouveau cahier des charges pour une adjudication devant avoir lieu le 29 ;

Il est vrai que toutes vos adjudications ne détruiront pas l'effet des articles 10 et 11 de la convention accordant un délai jusqu'au 20 juillet ;

Il est vrai que l'art. 10 porte sur l'original de la convention le mot *remise* et non le mot *définitive*.

Il est vrai que ce mot *remise* a été écrit par votre main et n'a pas été altéré par la mienne.

Savez-vous ce qui n'est pas vrai, monsieur le directeur général ? c'est que je vous aie volé une pièce que vous m'avez remise librement ! C'est que vous ne me traduirez pas en police correctionnelle pour le fait faux que vous m'imputez !

J'espère que vous reviendrez de toutes vos erreurs. Quant à moi, j'attends votre réparation avec la conscience d'un honnête homme. Si cette réparation n'arrivait pas, les rôles seraient intervertis !

J'ai l'honneur, monsieur le Directeur général, de vous saluer avec une considération distinguée.

Signé BORDE.

Paris, 8 juillet 1868.

N° 14

Ministère de l'intérieur. — Direction générale des Lignes télégraphiques.
Cabinet du Directeur général.

Paris, 17 juillet 1868.

A MM. Blackmore et Delessert, 26, rue de la Bienfaisance.

Messieurs,

Le duplicata du projet de convention du 17 juin que vous avez transmis à M. le Directeur général des lignes télégraphiques et dont vous réclamez l'exécution par votre lettre du 8 juillet, ne portant aucune signature ni mon approbation, ne constitue aucun droit et ne peut être invoqué par vous. Je me réserve, d'ailleurs, d'apprécier plus tard par quels moyens l'original de cette pièce est parvenue en votre possession.

Vous aviez si bien compris la nullité de ce projet de convention que, le 23 juin, lorsque votre compagnie reçut un nouveau cahier des charges modifié, avec une invitation à vous présenter à l'adjudication qui devait avoir lieu le 29, votre représentant, M. Borde, écrivait le 27 au directeur général une lettre par laquelle il demandait que les mesures nécessaires fussent prises pour autoriser MM. Delessert et Blackmore à verser, le lundi suivant, à la caisse des dépôts et consignations le million exigé par l'article 10 du cahier des charges.

Le 29 juin, quelques heures avant l'adjudication, le même M. Borde écrivait à l'administration des lignes télégraphiques que la Compagnie Delessert et Blackmore ne pouvait s'y présenter parce qu'elle avait reconnu que le capital de 27,500,000 francs était trop faible pour assurer l'exécution de l'œuvre.

Cette adjudication n'ayant pas abouti, un troisième cahier des charges, portant augmentation de capital et fixant l'adjudication au 6 juillet, fut envoyé à votre compagnie. A cette dernière adjudication, MM. d'Erlanger et Reuter s'étant présentés seuls, ont été déclarés concessionnaires.

Il résulte clairement de ce qui précède qu'aucune convention n'a été signée à votre profit, que vous avez accepté sans protestation les notifications qui vous ont été adressées les 23 juin et 1er juillet, relativement aux deux dernières adjudications.

Votre demande ne repose donc sur aucune base sérieuse, et il n'y a pas lieu dès lors de la prendre en considération.

Recevez, messieurs, l'assurance de ma considération distinguée.

Le Ministre de l'intérieur,
Signé Pinard.

————

Nᵒ 15

Copie d'une Lettre de M. Borde à Son Excellence M. le Ministre de l'intérieur.

Monsieur le Ministre,

J'ai ouvert hier, dûment autorisé par MM. Blackmore et Delessert, la lettre que vous leur avez adressée, pendant leur absence, en réponse à celle qu'ils ont eu l'honneur de faire parvenir à Votre Excellence, le 8 du courant, au sujet de l'affaire du câble transatlantique.

Je n'ai pas à discuter ici la situation de MM. Blackmore et Delessert vis-à-vis du gouvernement français ; ils le feront assez eux-mêmes.

Mais je ne puis d'ores et déjà laisser passer sous silence le paragraphe de la lettre de Votre Excellence qui contient cette phrase :

« Me réservant d'ailleurs d'apprécier plus » tard par quels moyens cette pièce est en » votre possession. »

Il est temps, Monsieur le Ministre, que le prétendu fait, auquel vous faites allusion, s'éclaircisse.

Je n'ai pas permis à M. le Directeur général des lignes télégraphiques de tenir un langage contraire à la vérité. Et, quelque soit mon respect pour votre personne, quelque considération que j'aie pour votre haute position dans l'Etat, quelque compte que je doive tenir de l'erreur dans laquelle on vous laisse, je dois à ma dignité de protester avec énergie contre l'idée offensante pour moi qui paraît exister dans l'esprit de Votre Excellence, et dont le paragraphe que je viens de citer plus haut est l'expression.

Je ne doute pas, Monsieur le Ministre, qu'après avoir pris connaissance des pièces ci-jointes et lu l'explication des faits, vous ne me rendiez justice. — Si mon espoir était déçu, si enfin je n'obtenais aucune satisfaction, je me verrais forcé de porter, quoique à regret, la question devant l'opinion publique.

Pour vous mettre à même, Monsieur le Ministre, de mieux former votre opinion, j'ai l'honneur d'adresser à Votre Excellence :

1º La note historique des faits qui se sont produits dans la négociation de l'affaire du câble ;

2º Une copie de la déclaration de MM. Blackmore et Hope, sur le langage tenu par M. de Vougy en leur présence ;

3º Une copie de l'attestation de MM. Beyfus, de Paris, et Ritso, de Londres ;

4º Une copie de la lettre adressée à M. de Vougy par MM. Hope et Blackmore ;

5º Une copie de ma réponse, du 8 juillet, aux emportements et aux fausses déclarations de M. le directeur général.

En terminant, je vous déclare, monsieur le ministre, que je ne puis ni rétracter un mot, ni modifier en rien mon dire tant que vous ne m'aurez pas relevé du doute blessant que laisse planer sur moi le paragraphe me concernant de la lettre adressée hier par votre Excellence à MM. Blackmore et Delessert.

J'ai l'honneur d'être avec un profond respect,

Monsieur le Ministre,
de Votre Excellence,
le très humble serviteur,
Signé Borde.

Paris, 18 juillet 1868.

———

N° 16

Copie d'une Lettre de M. Borde à M. de Vougy, Directeur général des Lignes télégraphiques.

Paris, 19 juin 1868.

Monsieur le Directeur général,

J'ai l'honneur de vous adresser la copie de la pièce que vous avez bien voulu me communiquer, ainsi que la minute qui a servi à la rédiger.

Veuillez agréer, Monsieur le Directeur général, avec mes remerciments, l'assurance de mes sentiments dévoués et respectueux.

Signé Borde.

PARIS. — Imprimerie SERRIERE et C', rue Montmartre, 123.

www.ingramcontent.com/pod-product-compliance
Ingram Content Group UK Ltd.
Pitfield, Milton Keynes, MK11 3LW, UK
UKHW020152080726
13614UKWH00006B/2525